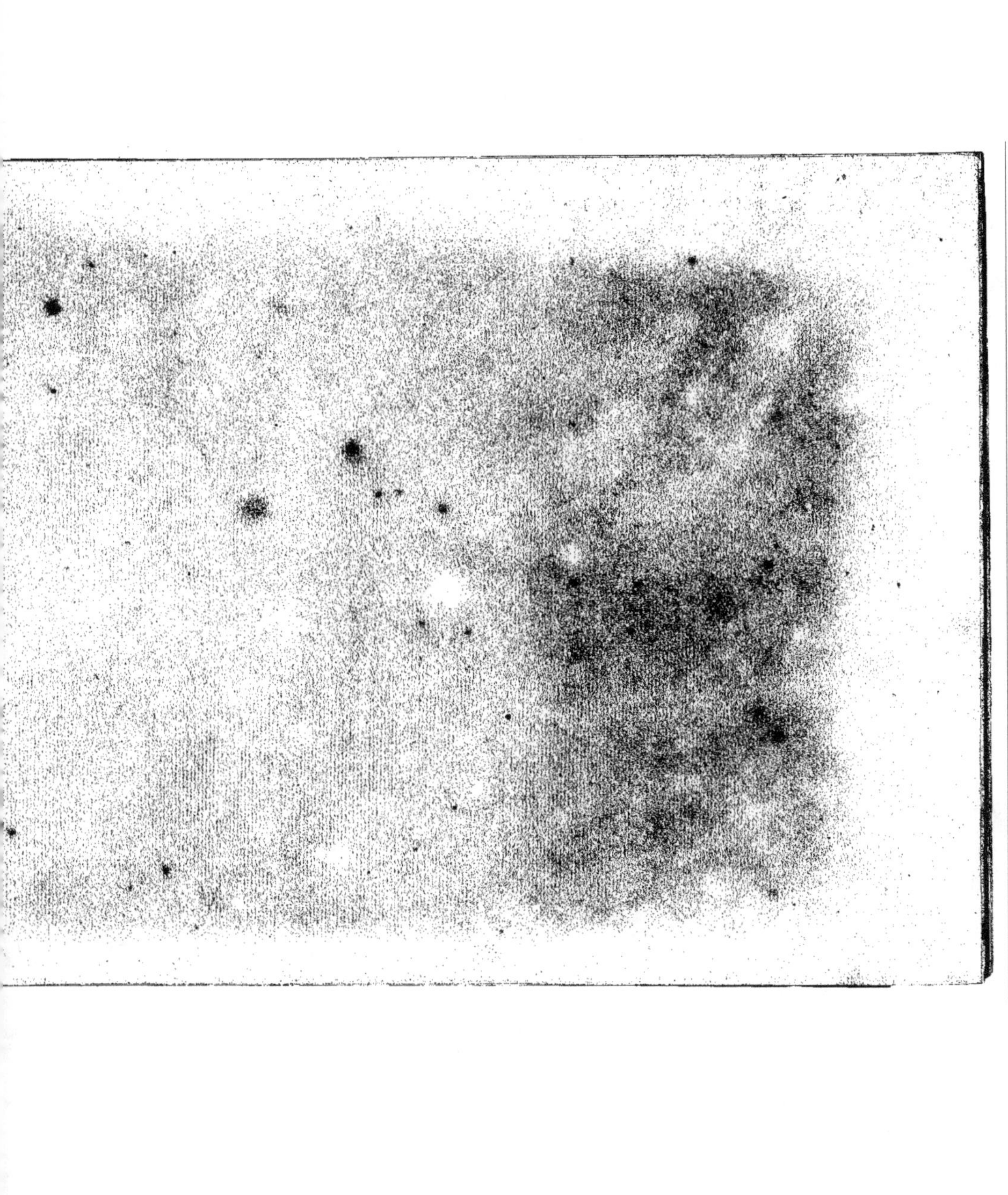

MANUEL PRATIQUE

DE

CONSTRUCTION

TRAITANT DES

TRACÉS DE ROUTES ET DE CHEMINS DE FER, DES TERRASSEMENTS, DES OUVRAGES D'ART,

DES BATIMENTS, DES VOIES FERRÉES ET DES CONSTRUCTIONS RURALES

CONTENANT DES

TYPES VARIÉS ET RÉCENTS DE PONTS VOUTÉS, PONTS MÉTALLIQUES, CINTRES ET BATIMENTS

UTILE AUX

Ingénieurs, Conducteurs, Entrepreneurs du Génie civil et du Génie militaire, aux Élèves des Écoles, aux Industriels, aux Agriculteurs et aux Propriétaires

PAR

E. GONIN

Ingénieur-Constructeur, Ex-Sous-Chef de Section à la Compagnie des Chemins de fer P.-L.-M.

ATLAS

PARIS

J. DEJEY ET Cⁱᵉ, IMPRIMEURS-ÉDITEURS

de l'École centrale des Arts et Manufactures
de la Société des anciens Élèves des Écoles nationales d'Arts et Métiers

18, rue de la Perle, 18

1877

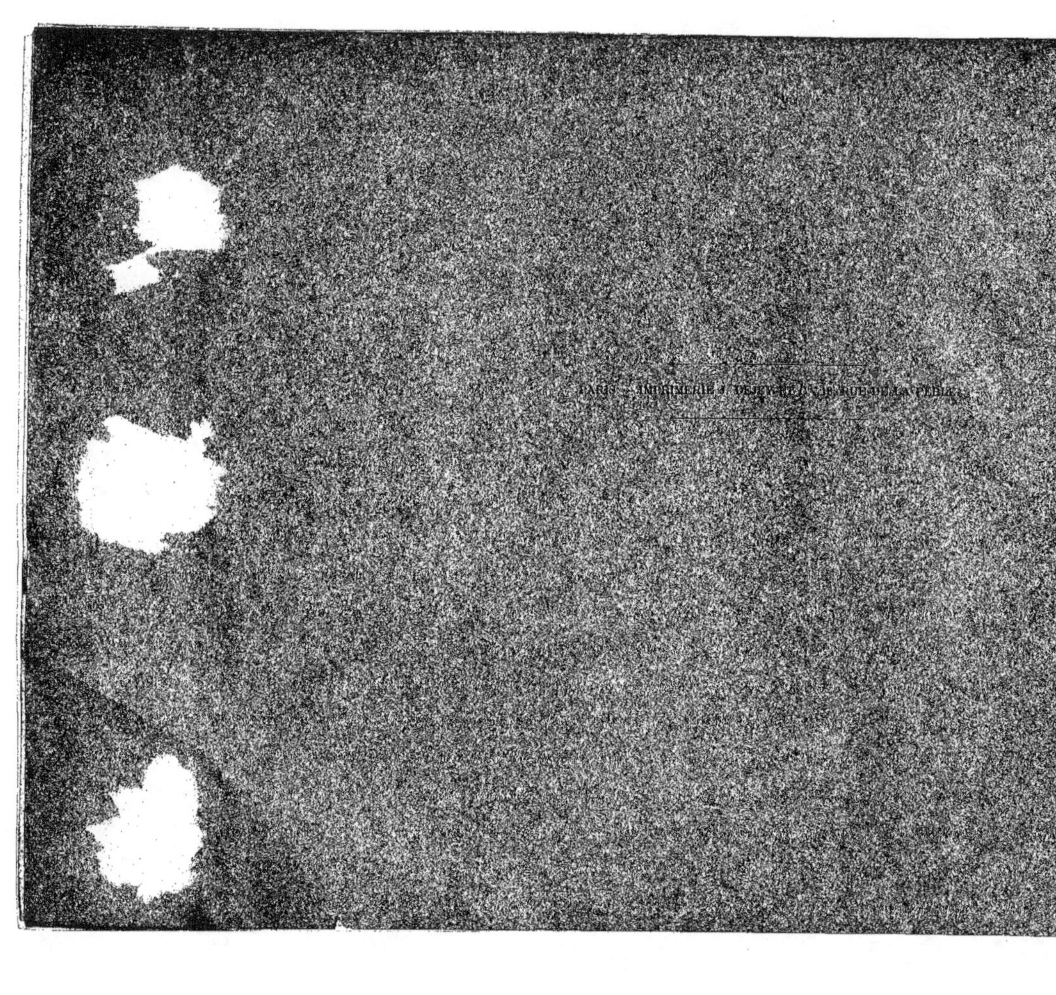

PARIS. — IMPRIMERIE J. DEJEY ET Cie, 19, RUE DE LA PERLE.

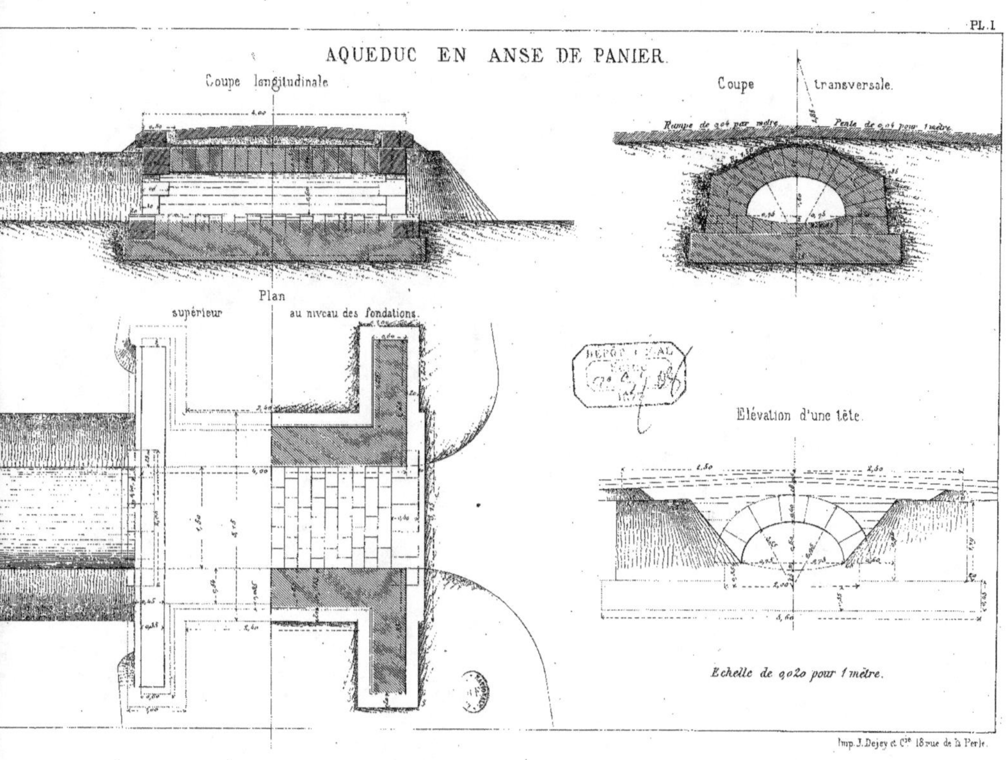
AQUEDUC EN ANSE DE PANIER.
Coupe longitudinale
Coupe transversale.
Rampe de 0,04 par mètre
Pente de 0,04 pour 1 mètre
Plan
supérieur
au niveau des fondations.
Élévation d'une tête.
Echelle de 0,02o pour 1 mètre.

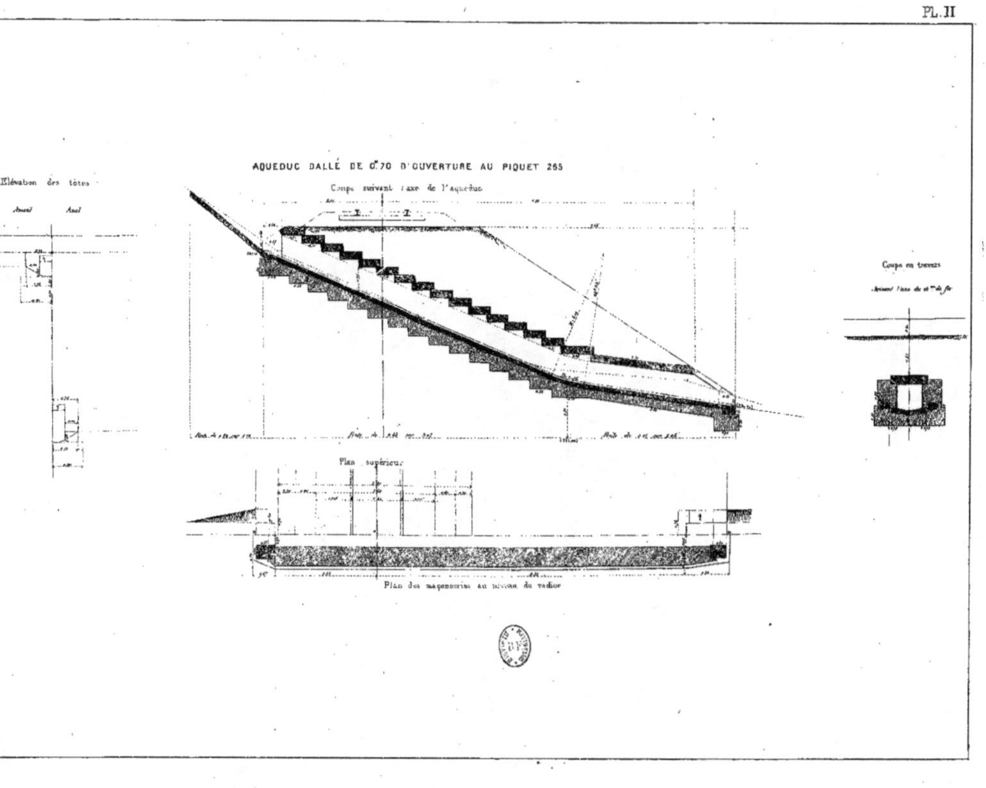
AQUEDUC DALLÉ DE 0.70 D'OUVERTURE AU PIQUET 255
Coupe suivant l'axe de l'aqueduc
Élévation des têtes
Amont
Aval
Coupe en travers
Plan supérieur
Plan des maçonneries au niveau du radier

PONTCEAU DE 2ᵐ00 D'OUVERTURE

Echelle de 0ᵐ01ᶜ pᵣ mètre.

Coupe longitudinale.

Elévation de la tête d'aval.

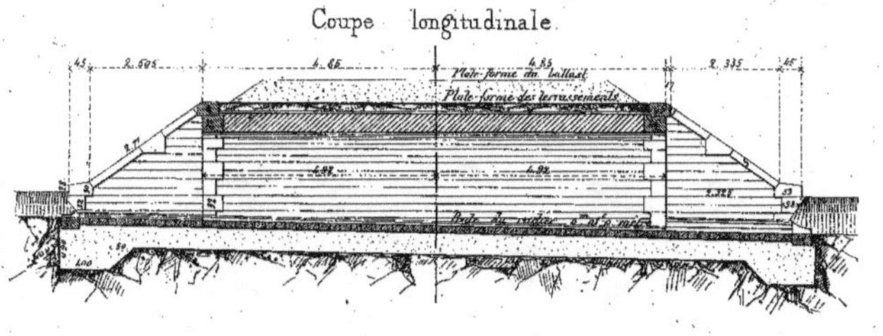

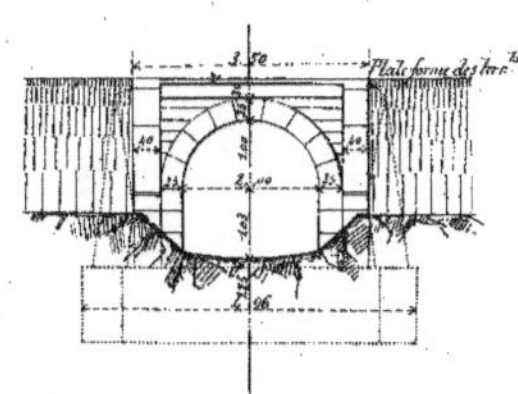

Coupe aux naissances

Plan supérieur

Coupe transversale.

Coupe au dessus du béton

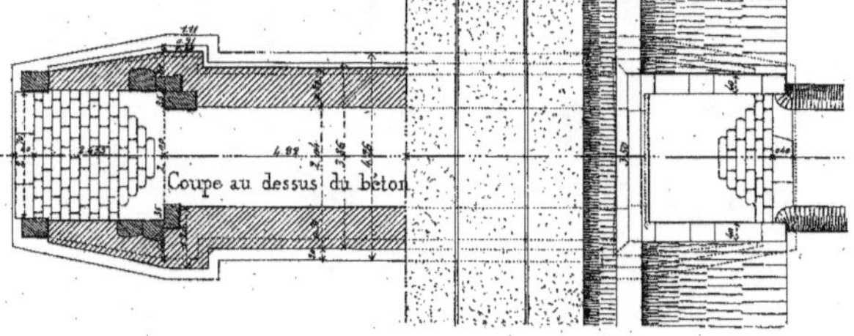

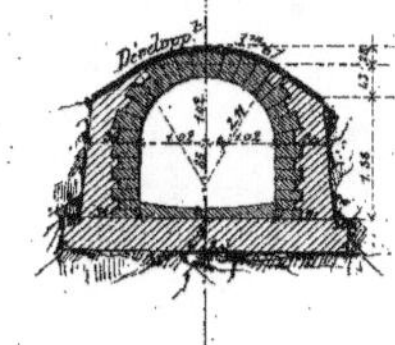

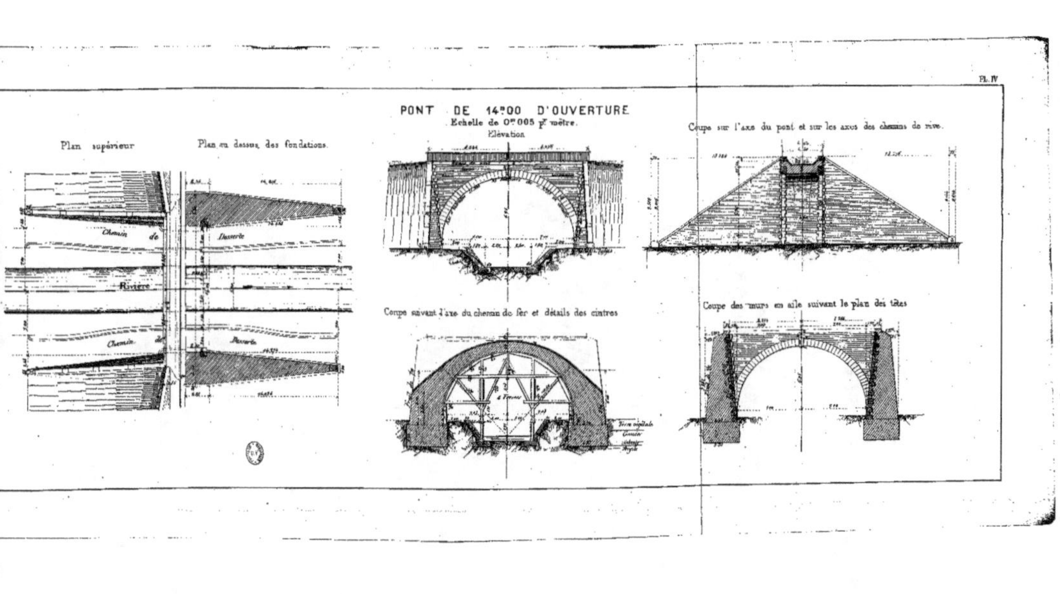

Pl. IV
Plan supérieur
Plan au dessus des fondations
Chemin de
Rivière
Chemin de
Desserte
Desserte
PONT DE 14m00 D'OUVERTURE
Echelle de 0m005 p' mètre.
Élévation
Coupe sur l'axe du pont et sur les axes des chemins de rive.
Coupe suivant l'axe du chemin de fer et détails des cintres
Coupe des murs en aile suivant le plan des têtes

PONT PAR DESSUS DE 15ᵐ00 D'OUVERTURE ELLIPTIQUE.

Echelle de 0ᵐ.005 p[.] mètre.

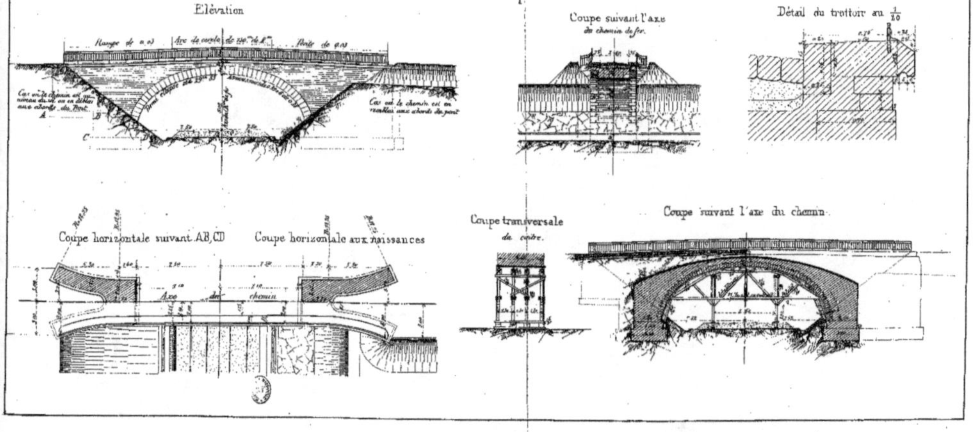

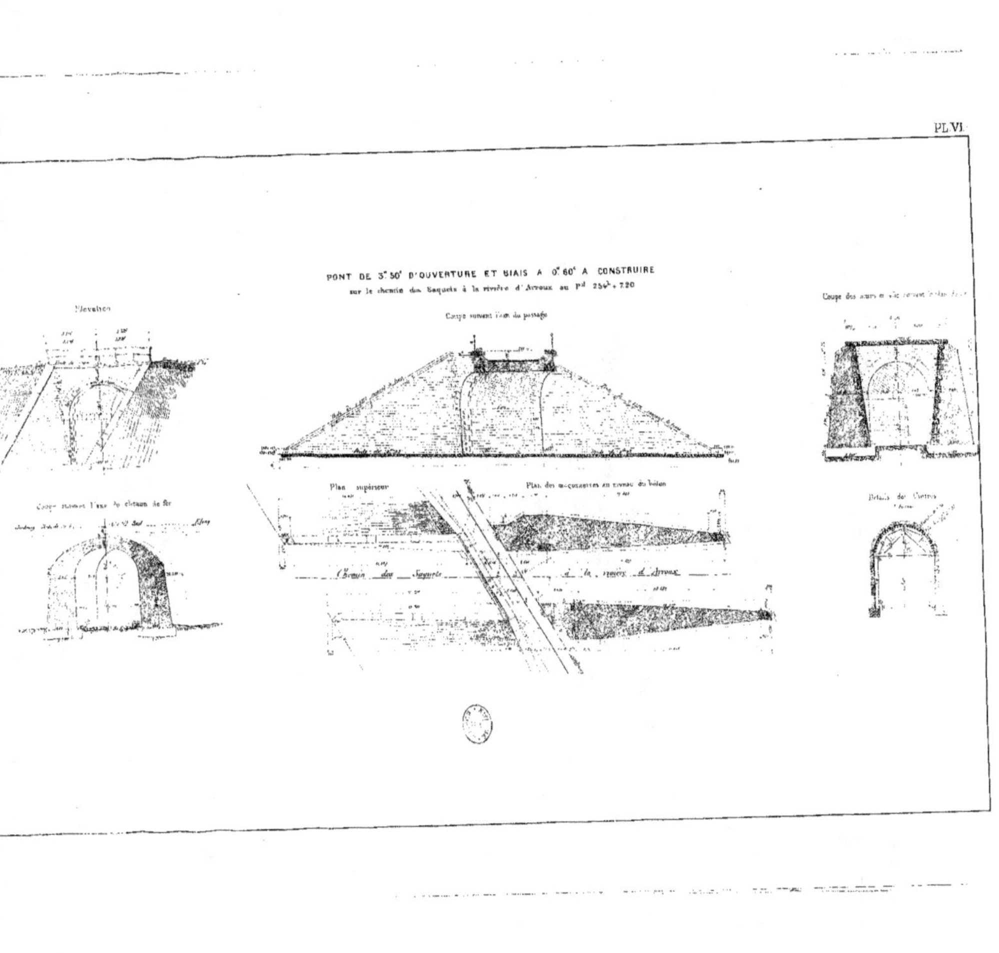

PONT DE 3ᵐ 50ᶜ D'OUVERTURE ET BIAIS A 0ᵐ 60ᶜ A CONSTRUIRE
sur le chemin des Bayards à la rivière d'Arroux au pʳ 254ᵏ + 720
Élévation
Coupe suivant l'axe du passage
Coupe des murs en aile suivant la ligne
Coupe suivant l'axe du chemin de fer
Plan supérieur
Plan des maçonneries au niveau du bélon
Détails de l'intérieur
Chemin des Bayards
à la rivière d'Arroux

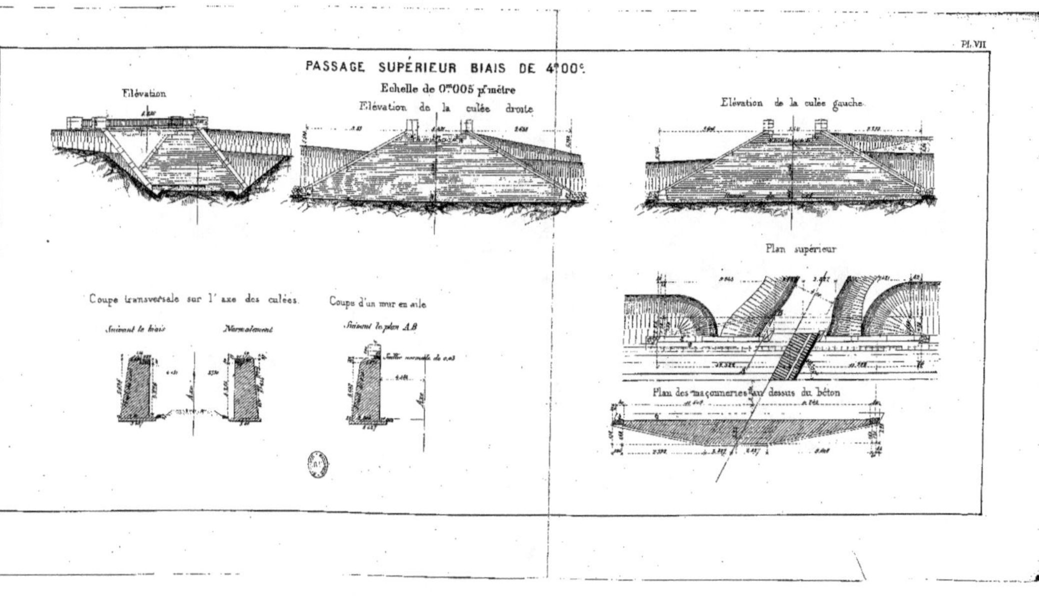

Pl. VII
PASSAGE SUPÉRIEUR BIAIS DE 4?00c.
Echelle de 0m005 p.r mètre
Élévation
Élévation de la culée droite
Élévation de la culée gauche
Coupe transversale sur l'axe des culées.
Suivant le biais
Normalement
Coupe d'un mur en aile
Suivant le plan A.B
Feuillet normale de 0.03
Plan supérieur
Plan des maçonneries au dessus du béton

CINTRES

PONTCEAU DE 1ᵐ50 D'OUV.ᵗᵉ
Coupe Transversale
Ech. de 0ᵐ01 p.ʳ Mèt.

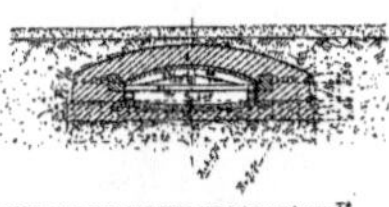

PONT DE 3ᵐ00 D'OUVERTURE
ET DE 4ᵐ00 DE HAUTEUR SOUS CLEF
Coupe Transversale — Ech. de 0ᵐ005 p. Mèt.

PONTCEAU DE 4ᵐ00 D'OUV.ᵗᵉ
Coupe Transversale
Ech. de 0ᵐ005 p. Mèt.

PONTCEAU DE 4ᵐ00 D'OUV.ᵗᵉ
ET DE 3ᵐ00 DE HAUTEUR SOUS CLEF
Coupe Transversale — Ech. de 0ᵐ005 p. Mèt.

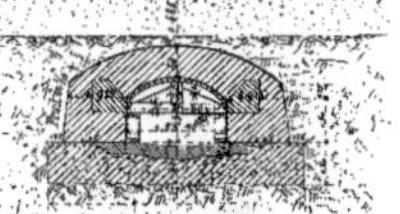

PONT DE 5ᵐ00 D'OUVERTURE
ET DE 5ᵐ00 DE HAUTEUR SOUS CLEF
PAR DESSOUS LE CHEMIN DE FER
Coupe Transversale — Ech. de 0ᵐ005 p. Mèt.

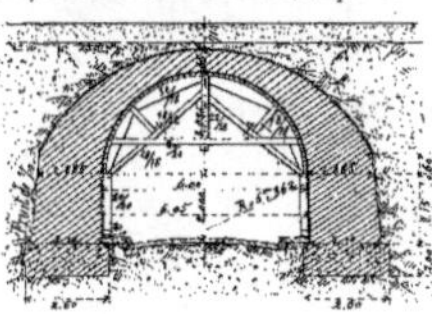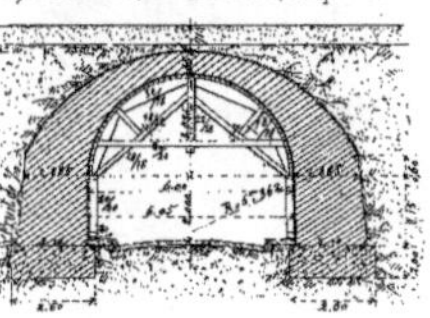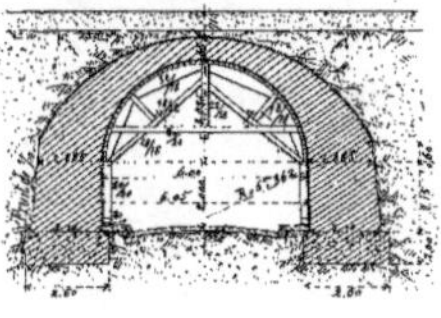

PONT DE 6ᵐ00 D'OUVERTURE
ET DE 5ᵐ00 DE HAUTEUR SOUS CLEF
PAR DESSOUS LE CHEMIN DE FER
Coupe Transversale — Ech. de 0ᵐ005 p. Mèt.

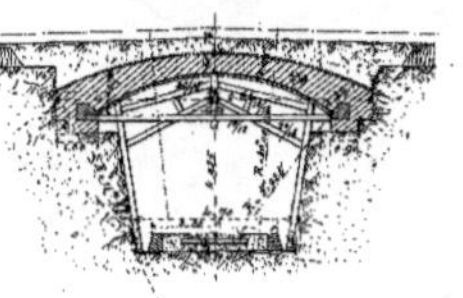

PONT EN ARC DE CERCLE DE 7ᵐ00 D'OUV.ᵗᵉ
PAR DESSUS LE CHEMIN DE FER
(Pour le cas d'une tranchée dans le roc à une seule voie)
Ech. de 0ᵐ005 p. Mèt.

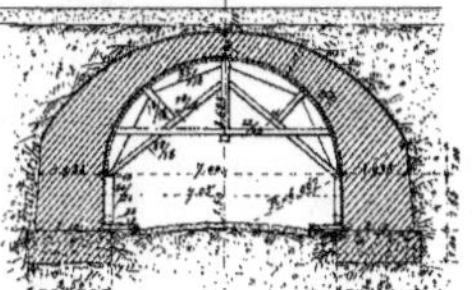

PONT DE 7ᵐ00 D'OUVERTURE
ET DE 5ᵐ00 DE HAUTEUR SOUS CLEF
PAR DESSOUS LE CHEMIN DE FER
Coupe Transversale — Ech. de 0ᵐ005 p. Mèt.

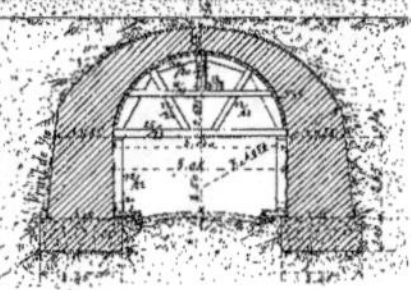

PONT DE 8ᵐ00 D'OUVERTURE
ET DE 5ᵐ00 DE HAUTEUR SOUS CLEF
PAR DESSOUS LE CHEMIN DE FER
Coupe Transversale — Ech. de 0ᵐ005 p. Mèt.

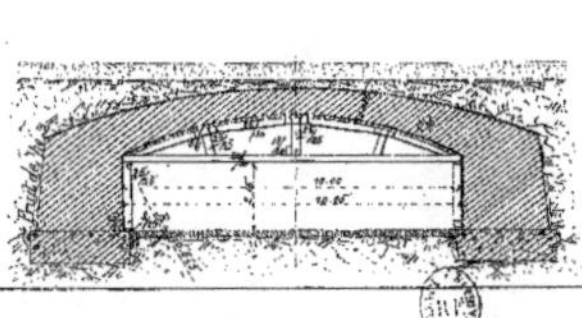

PONT DE 10ᵐ00 D'OUVERTURE
Coupe Transversale
Ech. de 0ᵐ005 p. Mèt.

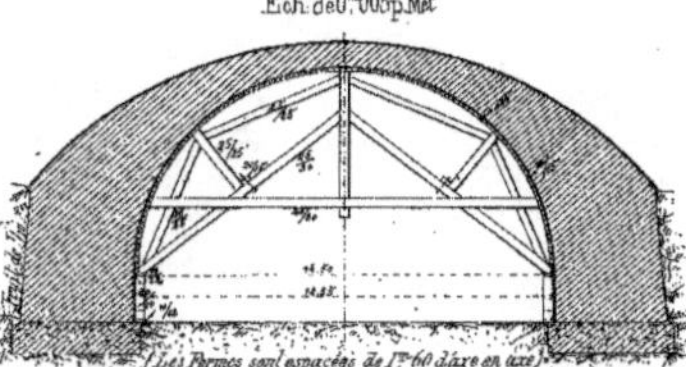

PONT DE 12ᵐ50 D'OUVERTURE
Coupe Transversale
Ech. de 0ᵐ005 p. Mèt.

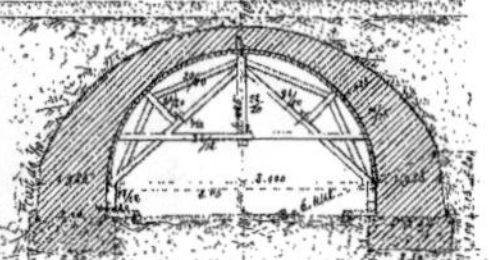

(Les Fermes sont espacées de 1ᵐ60 d'axe en axe.)

VIADUC BIAIS DE 30.00 DE PORTÉE

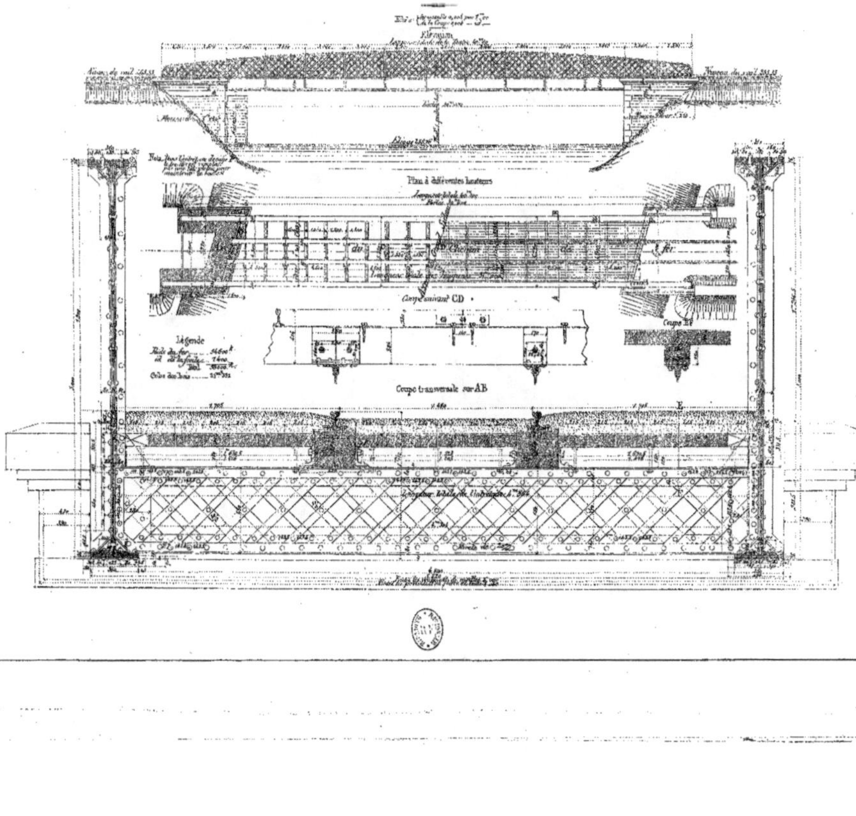
Élévation
Plan à différentes hauteurs
Coupe suivant CD
Coupe EF
Légende
Coupe transversale sur AB

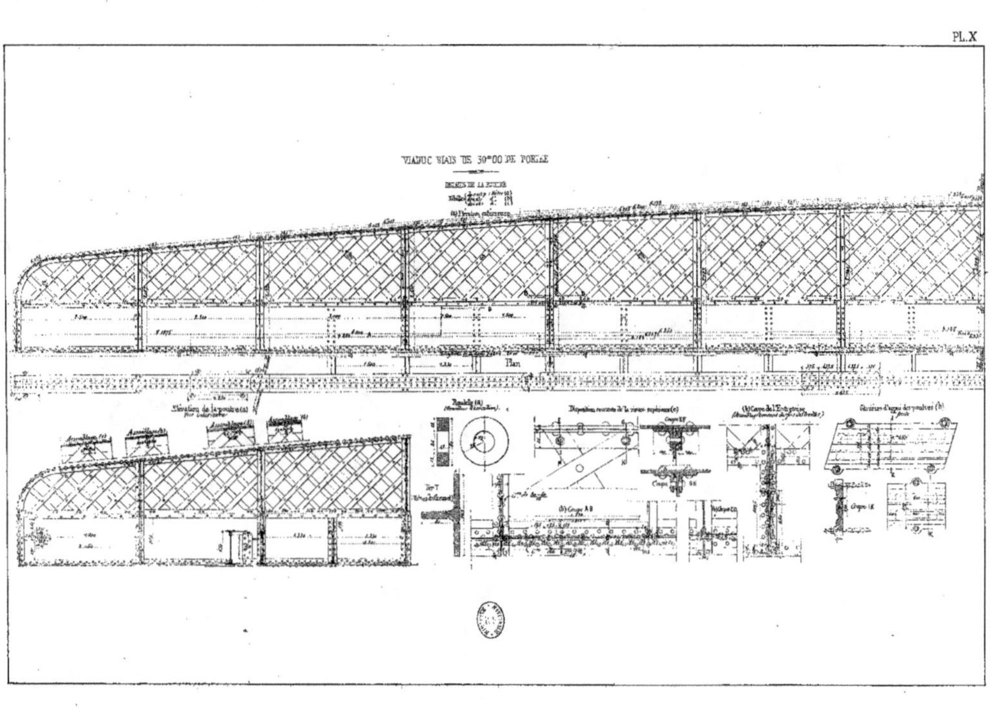

VIADUC BIAIS DE 30ᵐ00 DE PORTÉE
DÉTAILS DE LA POUTRE
Plan
Élévation de la poutre
Coupe AB
Coupe EF

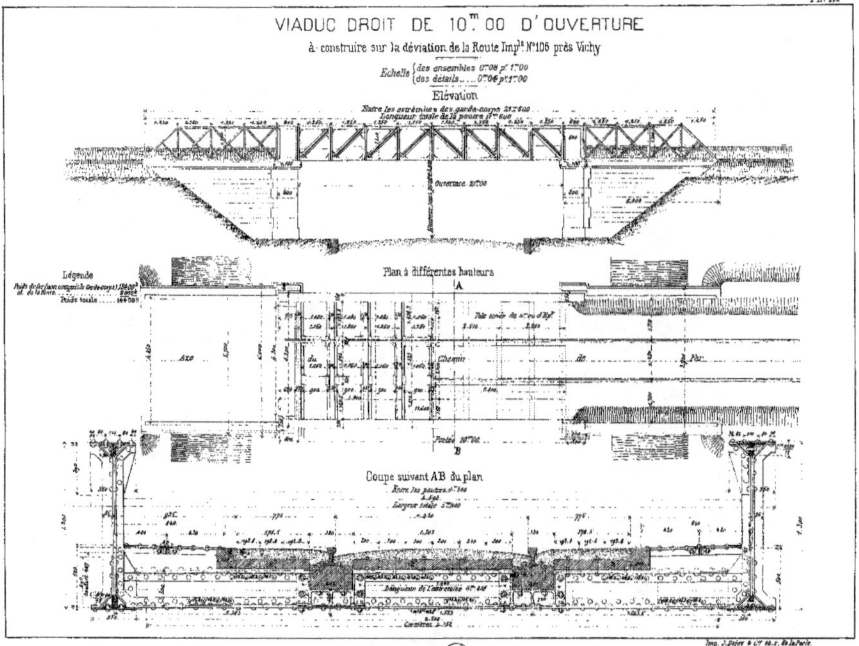

VIADUC DROIT DE 10ᵐ.00 D'OUVERTURE

à construire sur la déviation de la Route Imp.ᵉ N°106 près Vichy

Echelle { des ensembles 0ᵐ08 p.ʳ 1ᵐ00 / des détails.... 0ᵐ04 p.ᵗ 1ᵐ00

Élévation

Entre les extrémités des garde-corps 21ᵐ600
Longueur totale de la poutre 11ᵐ600

Ouverture. 10ᵐ00

Plan à différentes hauteurs

A

Chemin de Fer

B

Coupe suivant AB du plan

Entre les poutres 4ᵐ740
Largeur totale 5ᵐ240

Légende

Imp. J. Dufey & Cⁱᵉ 44 r. de la Perle

VIADUC DROIT DE 10ᵐ D'OUVERTURE

À construire sur la déviation de la Route Impᵗᵉ Nᵒ 106 près Vichy

Détails d'une Poutre. Élévation. Echelle de 0,04

Vue extérieure.

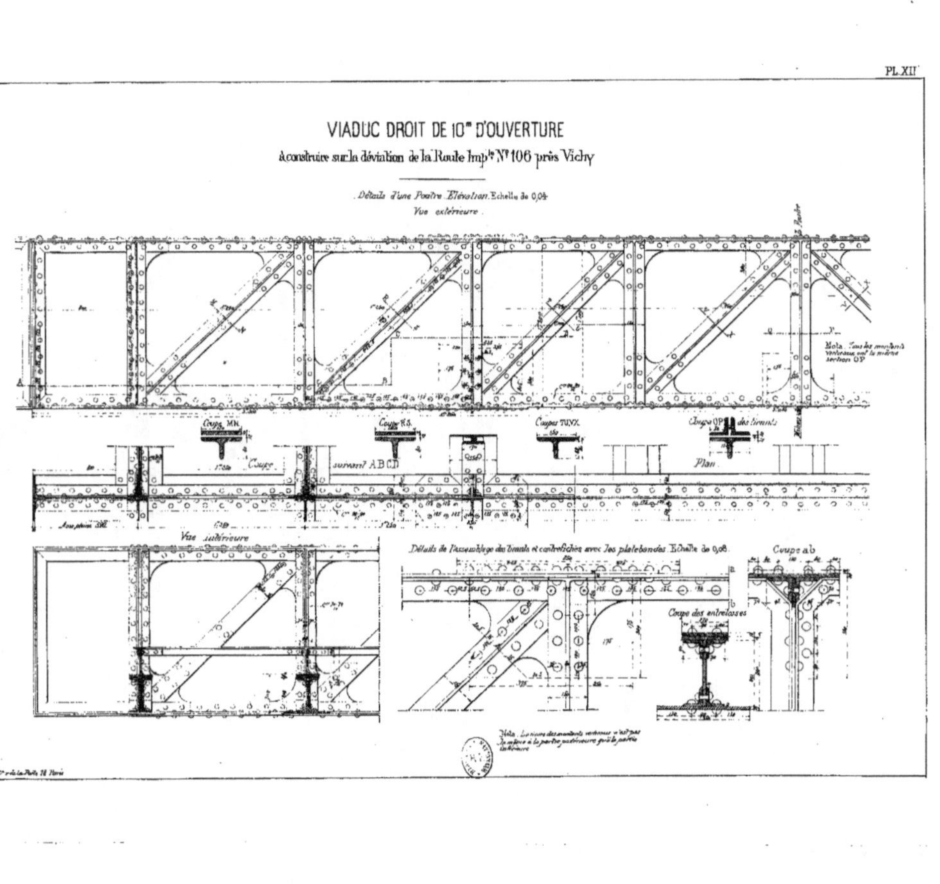

VIADUC DE 10m00 D'OUVERTURE SUR LA DEVIATION DE LA ROUTE IMPle N°106 ET VIADUC DE 13m00 D'OUVERTURE SUR LE PETIT SICHON.

Détails Communs aux deux Viaducs.

Echelle { de 0m04 pour mètre (a)
{ de 0m08 id. (b)

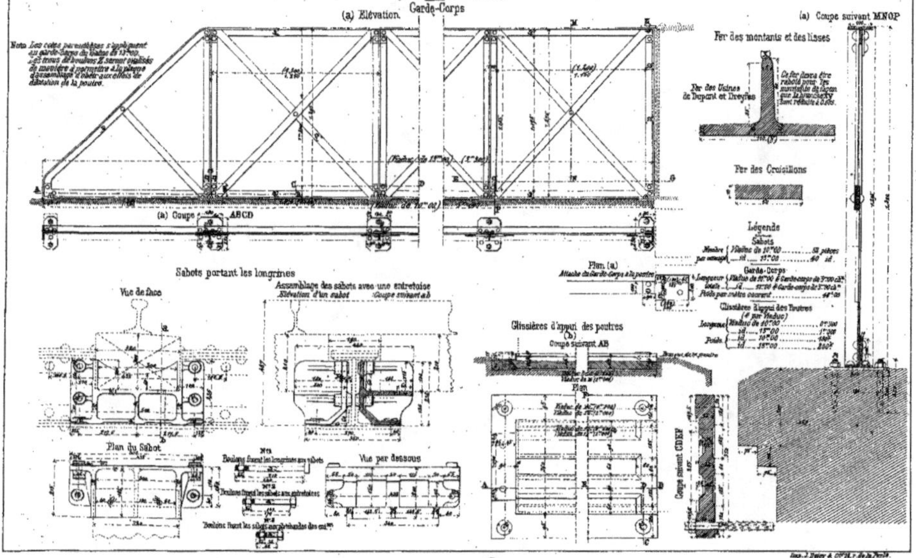

Imp. J. Dejey & Cie

PETIT PAVILLON DU PRIX DE 3000 F^c ENVIRON.

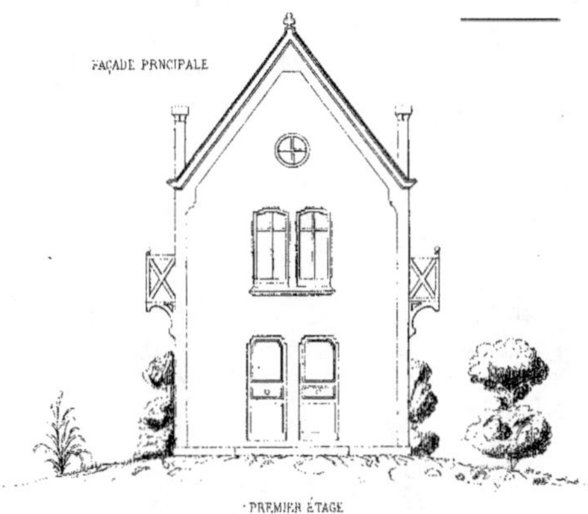

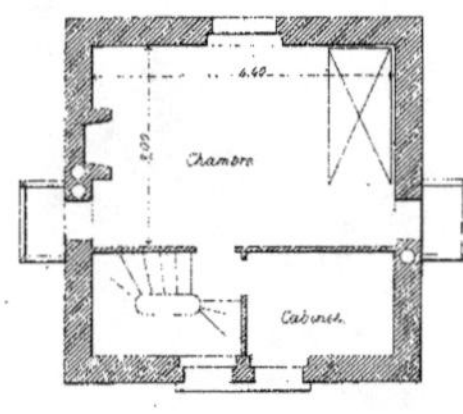

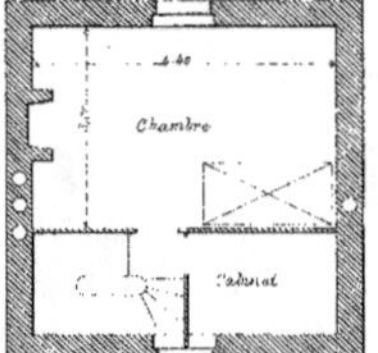

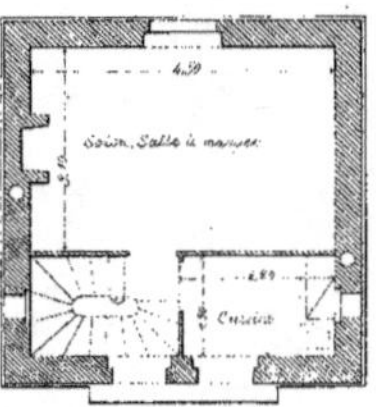

CHÂLET EN PANS DE BOIS ET BRIQUES DE 4000 F. ENVIRON.

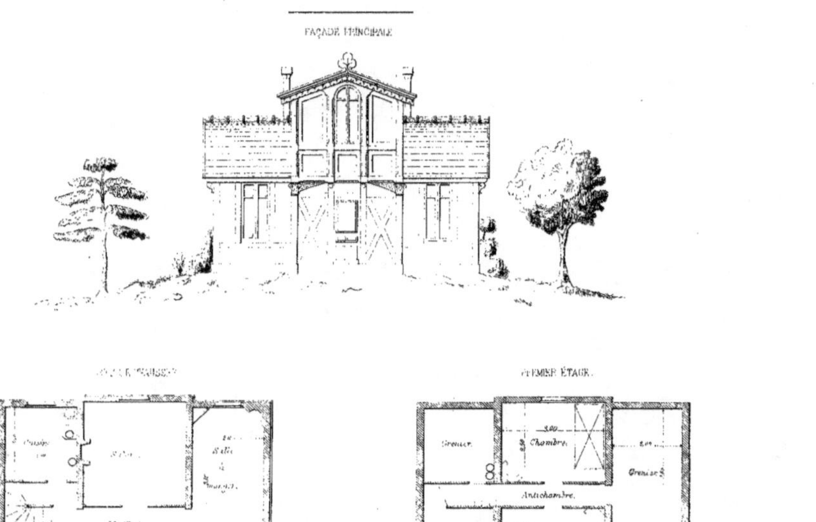

MAISON DE 5000 A 6000 F.

ayant au rez-de-chaussée, salle à manger, salon & cuisine; au 1.er étage, 2 chambres à coucher dont une donnant sur une terrasse, cave & grenier.

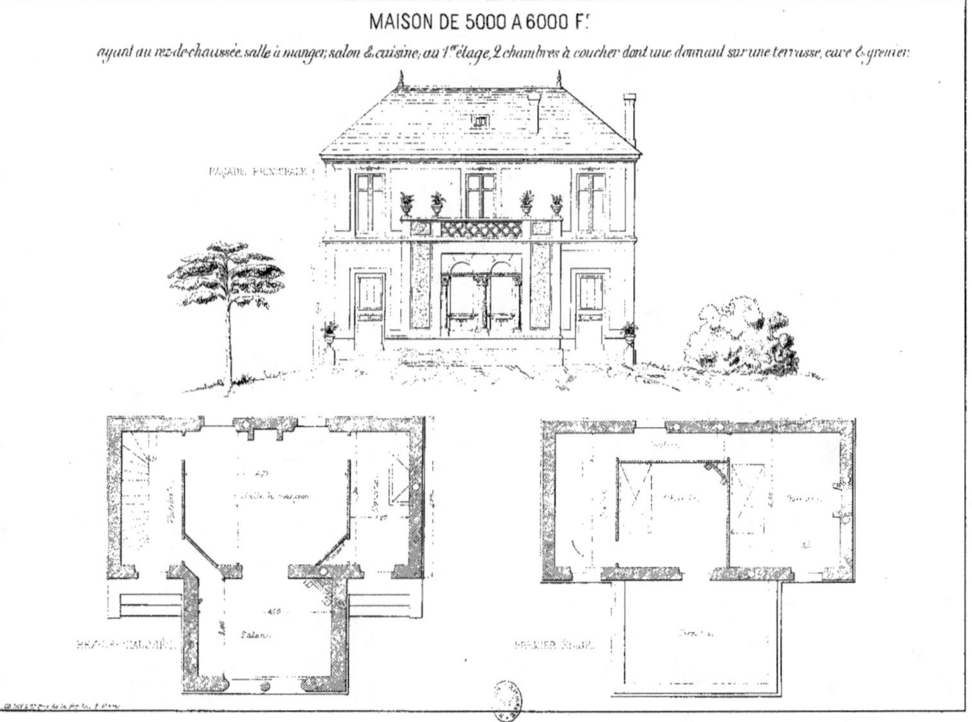

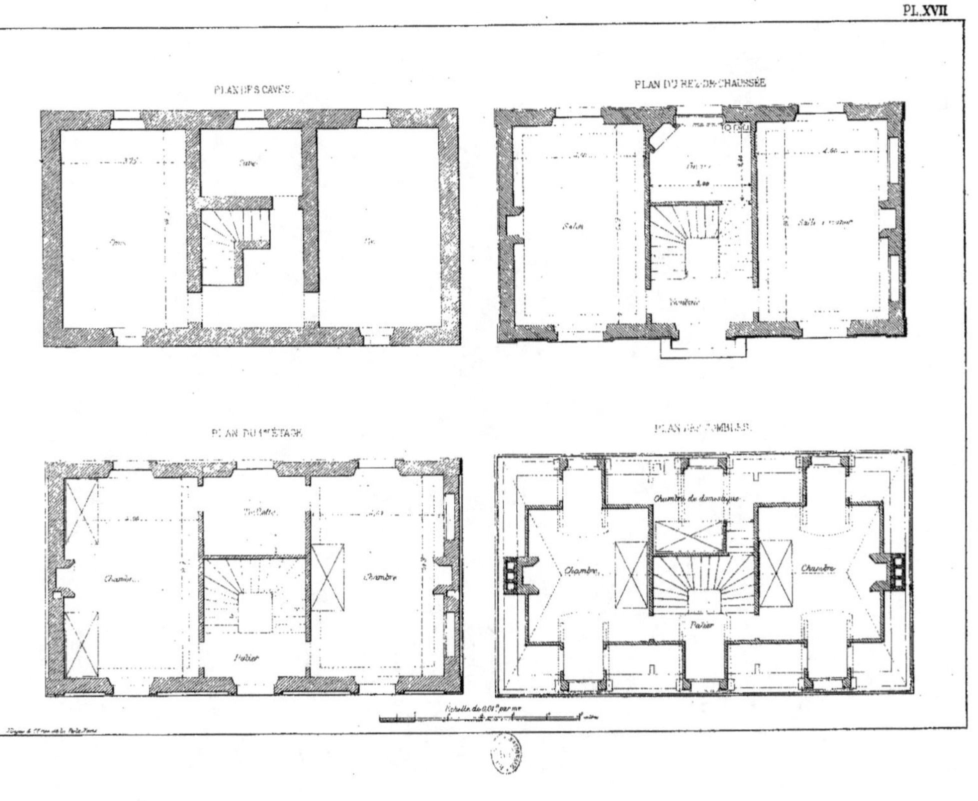

PLAN DES CAVES.
PLAN DU REZ-DE-CHAUSSÉE
PLAN DU 1er ÉTAGE.
PLAN DES COMBLES.
Chambre du domestique.
Chambre
Chambre
Palier
Échelle de 0,01m par m.

MAISON AVEC CAVE ET GRENIER POUR UN GARDE.

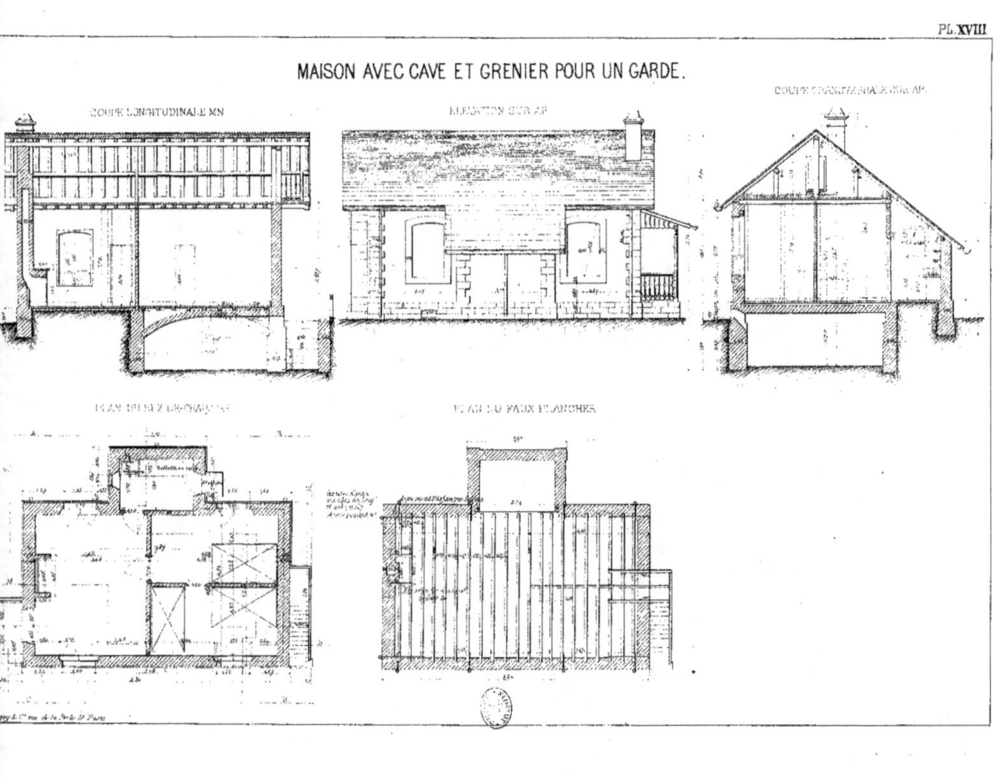

MAISON AVEC CAVE ET GRENIER POUR UN GARDE.

Type N° 4.

ÉLÉVATION SUIVANT EF.
Sur le chemin de fer.

ÉLÉVATION SUIVANT GH.

ÉLÉVATION SUIVANT CD.
Sur la voie publique.

PLAN DE LA CHARPENTE DU COMBLE.

PLAN DES FONDATIONS.

NOTA

Généralement, les maisons seront en moellons bruts avec conduits. Les élévations G.H. et C. indiquent cette disposition.

Dans les localités où la brique ou les moellons taillés seront à bas prix, on les emploiera l'une ou l'autre pour former les chaînes, le soubassement, les chambranles des fenêtres etc.ª qui encadreront les moellons bruts et les conduits, cette combinaison est indiquée dans les élévations EF et AB Pl. X.

PL.XX

MAISON AVEC CAVE ET GRENIER POUR UN GARDE.

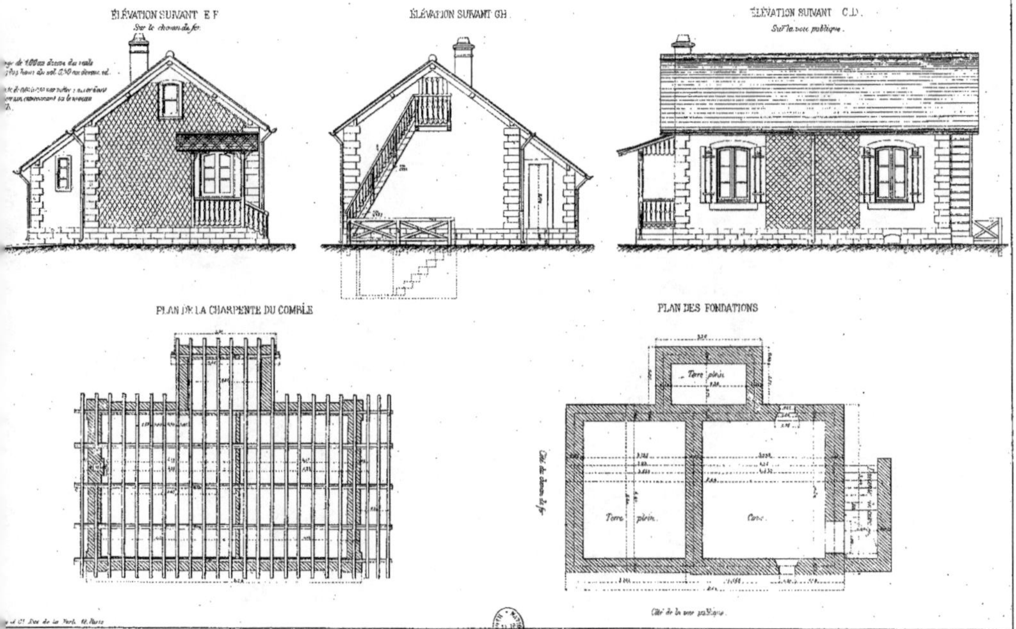
ÉLÉVATION SUIVANT E F
Sur le chemin de fer
ÉLÉVATION SUIVANT GH
ÉLÉVATION SUIVANT C.D.
Sur la voie publique
PLAN DE LA CHARPENTE DU COMBLE
PLAN DES FONDATIONS
Terre plein
Terre plein
Cave
Côté du chemin de fer
Côté de la voie publique

DÉTAILS DES MENUISERIES.

Types N° 4 et 5.

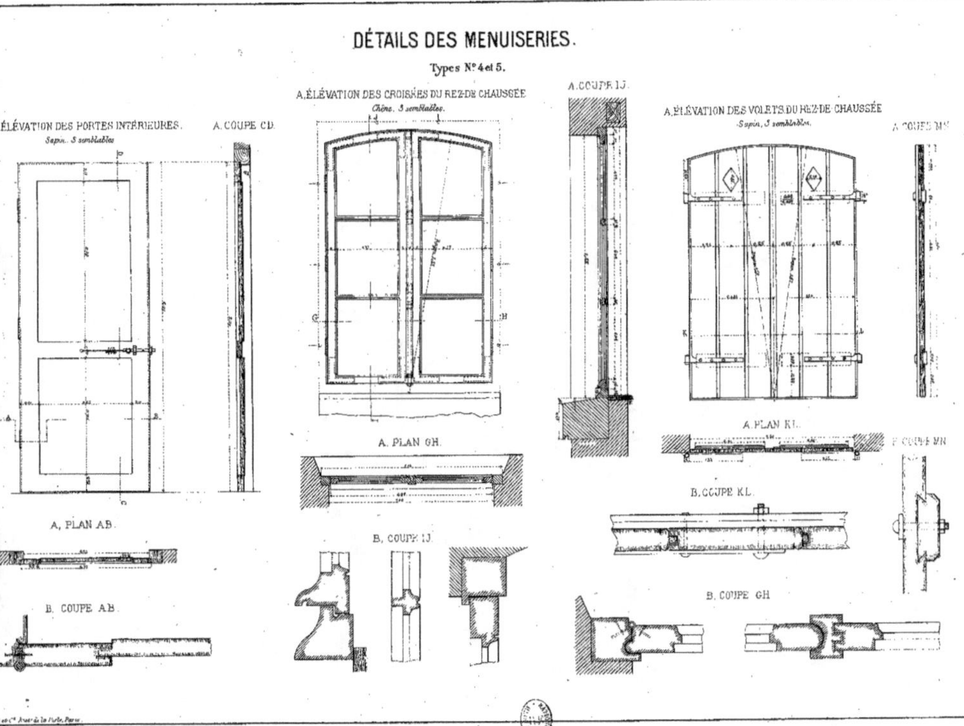

DÉTAILS DES MENUISERIES.

Types Nᵒˢ 4 et 5.

A. ÉLÉVATION DE LA PORTE D'ENTRÉE

Chêne . seule.

COUPE CD.

ÉLÉVATION DU VOLET DE LA PORTE D'ENTRÉE . A .

Sapin . seul.

COUPE EF.

A. ÉLÉVATION DE LA FENÊTRE DU GRENIER

COUPE IJ.

PLAN GH.

PLAN AB.

B. COUPE CD.   B. COUPE EF.   B. COUPE CD.

B. COUPE AB.

ÉLÉVATION DE LA FENÊTRE DU LAVOIR

COUPE IJ.

PLAN GH.

ÉLÉVATION DE LA FENÊTRE DES SOUPIRAUX DE LA CAVE OU DU CELLIER

PLAN GH.

COUPE IJ.

B. COUPE IH.

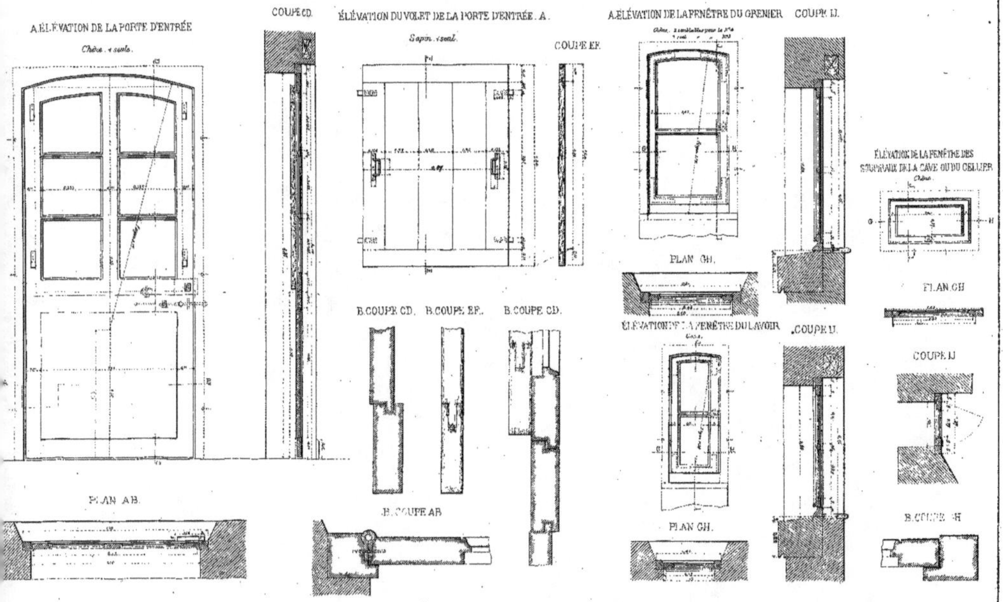

DÉTAILS DES MENUISERIES.

DÉTAILS DE LA FUMISTERIE. A.

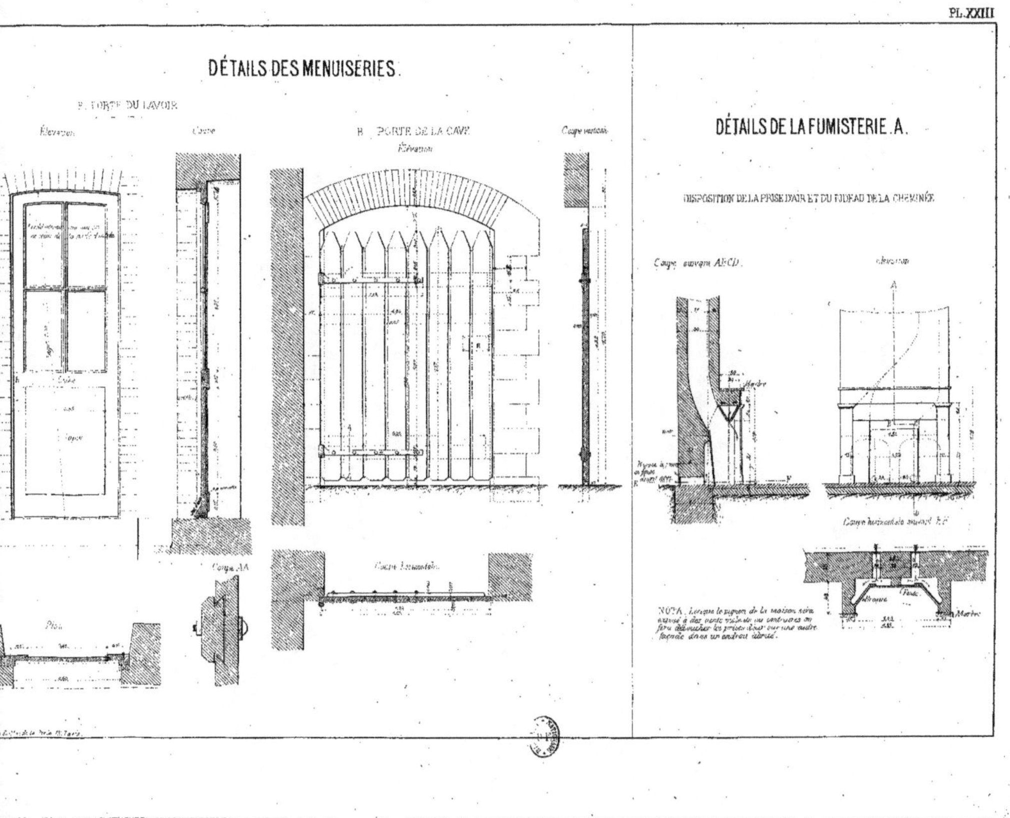

DÉTAILS DES MENUISERIES.
Types Nᵒˢ 4 et 5.

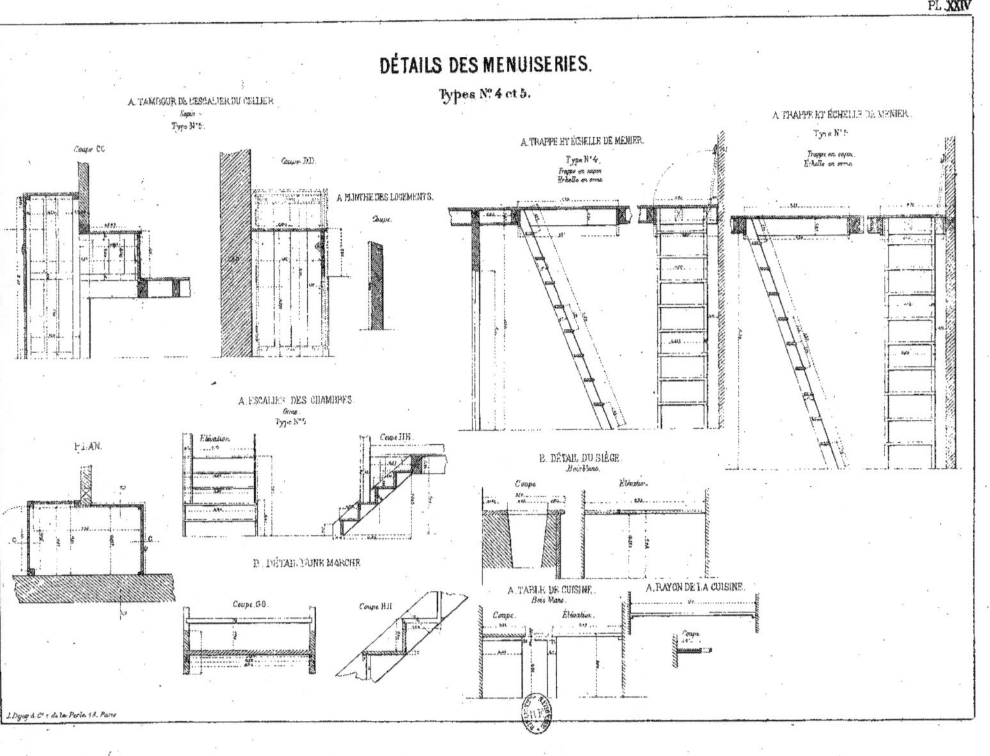

MAISON AVEC CAVE ET GRENIER POUR UN GARDE.

Détails du Cabinet d'aisance isolé.

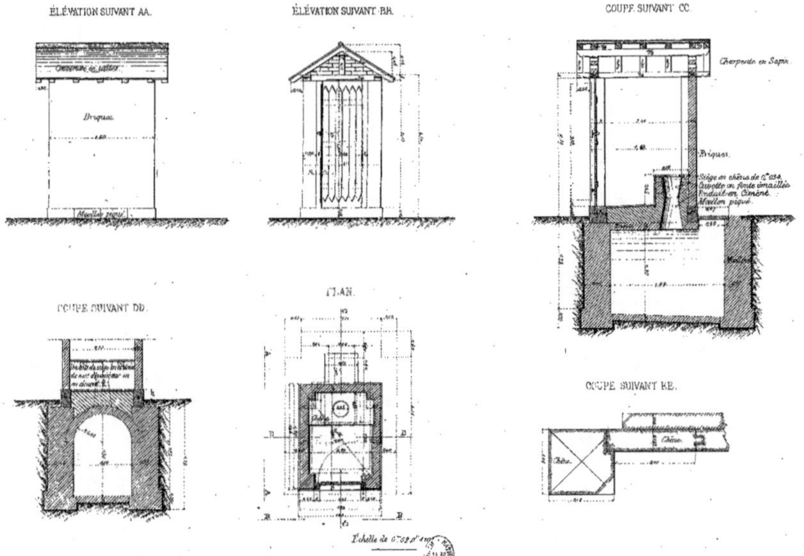

PUITS ET CITERNES.

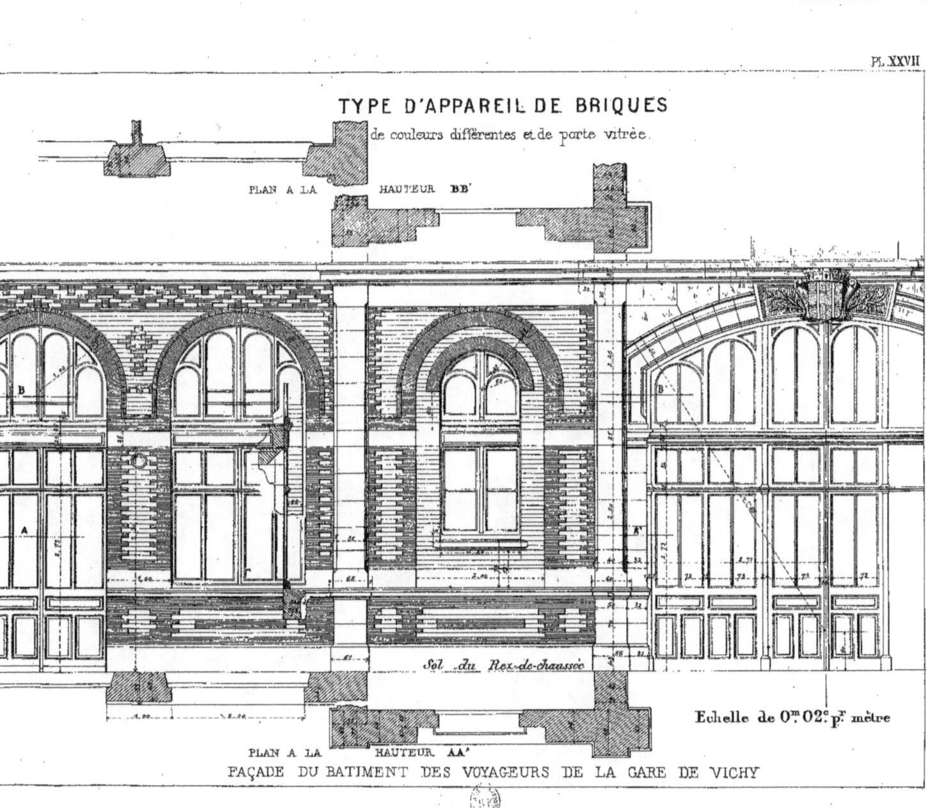

TYPE D'APPAREIL DE BRIQUES
de couleurs différentes et de porte vitrée.
PLAN A LA HAUTEUR BB'
PLAN A LA HAUTEUR AA'
Sol du Rez-de-chaussée
Echelle de 0ᵐ 02ᶜ pʳ mètre
FAÇADE DU BATIMENT DES VOYAGEURS DE LA GARE DE VICHY

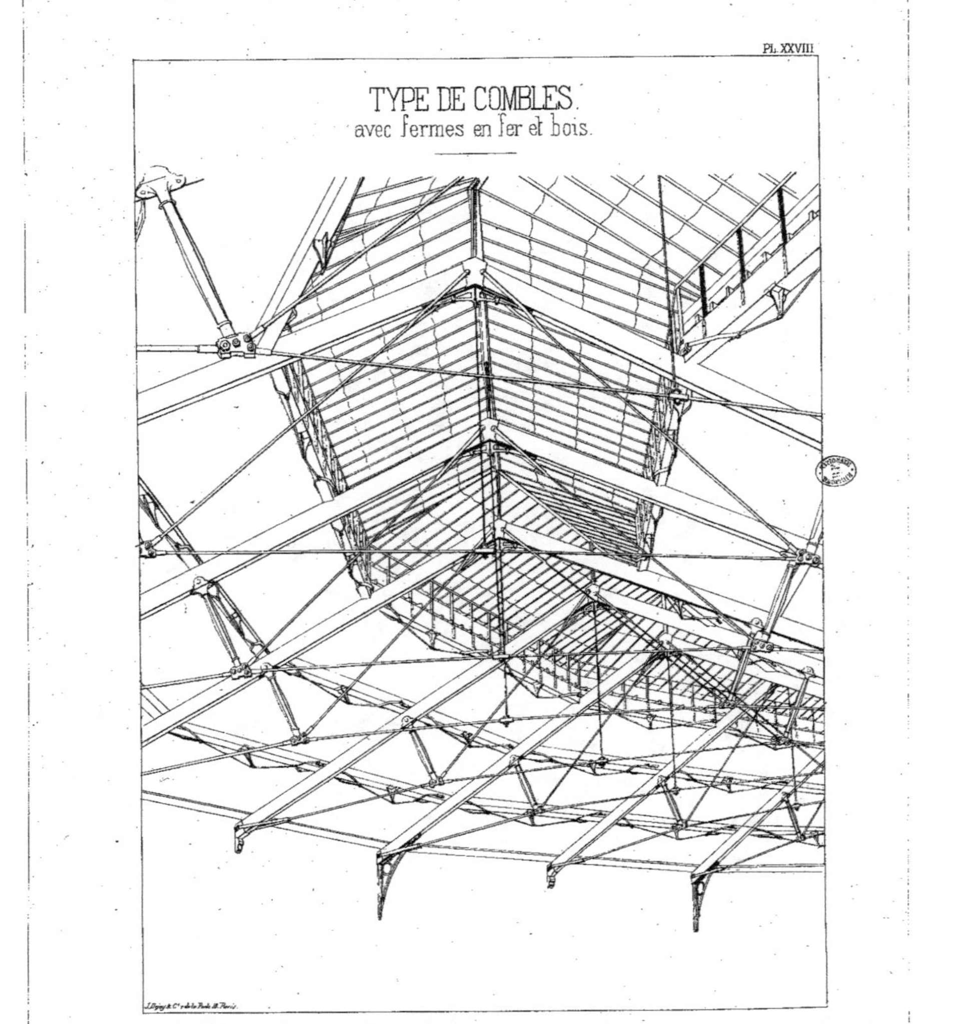

TYPE DE COMBLES.
avec fermes en fer et bois.

TÔLES ONDULÉES SUR CHARPENTES A GRANDES PORTÉES

Charpentes droites

Modes d'attache des tôles ondulées sur les pannes

Vue en dessus de la charpente. — Vue en dessous de la charpente.

Vue en dessus indiquant le moyen de fixer les tôles ondulées sur les pannes par l'emploi des agrafes.

Vue en dessous indiquant le moyen de fixer les tôles ondulées sur les pannes par l'emploi des rivets.

Faîtage

Faîtière en tôle

Faîtière en plomb

Charpentes courbes.

Nota. Les deux exemples de charpentes font voir que les tôles ondulées sont applicables dans tous les cas.

L'application de ces tôles permet d'obtenir une grande légèreté, par la suppression complète des voliges, des fourrures etc. employées dans les constructions de ce genre.

EMPLOI DES TÔLES ONDULÉES GRANDES ONDES

Pour couvertures sans charpente (Portée 11 à 20m et plus)

Attache de la tôle ondulée sur panne sablière
(cas d'un chéneau)
Échelle de 0.025 p. 1 mètre

Attache de la tôle ondulée sur panne sablière
(cas d'une gouttière)
Échelle de 0.025 p. 1 mètre

Attache des tôles ondulées entre elles.
Échelle de 0,05 p. 1 mètre

ÉLÉVATION LATÉRALE.

PAVILLON EN BOIS.

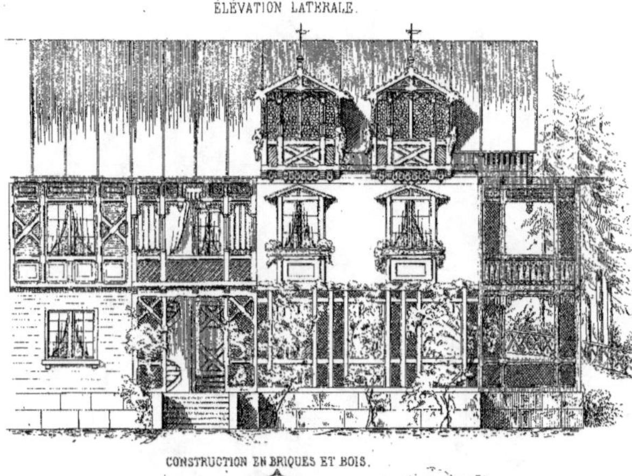

CONSTRUCTION EN BRIQUES ET BOIS.

DÉTAILS

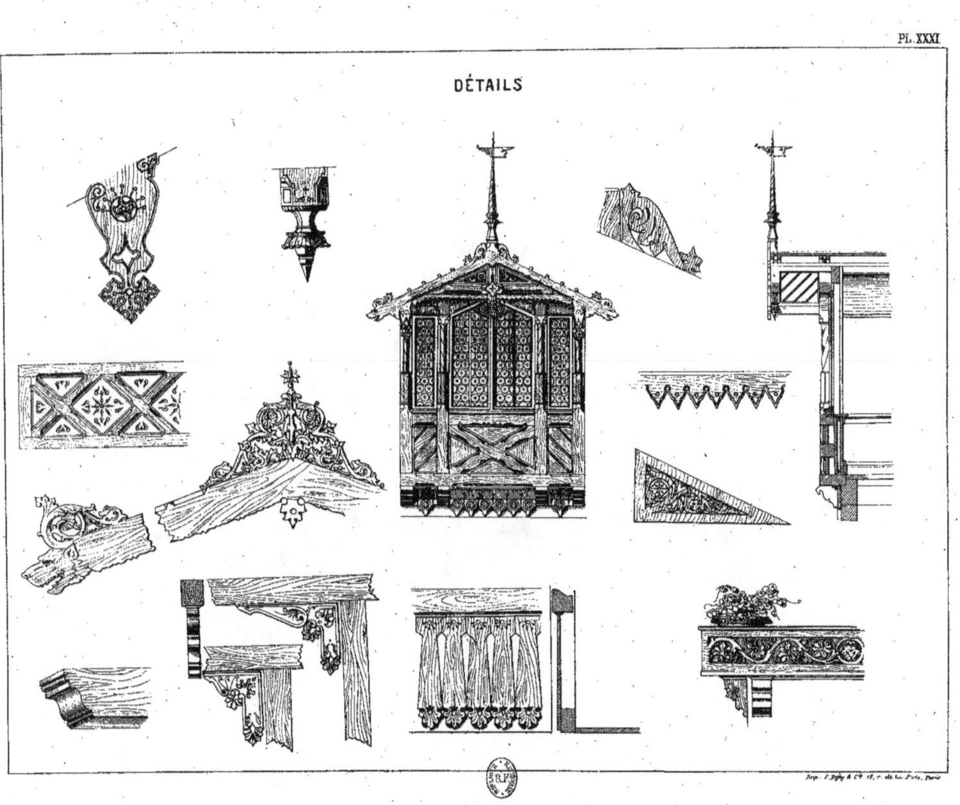

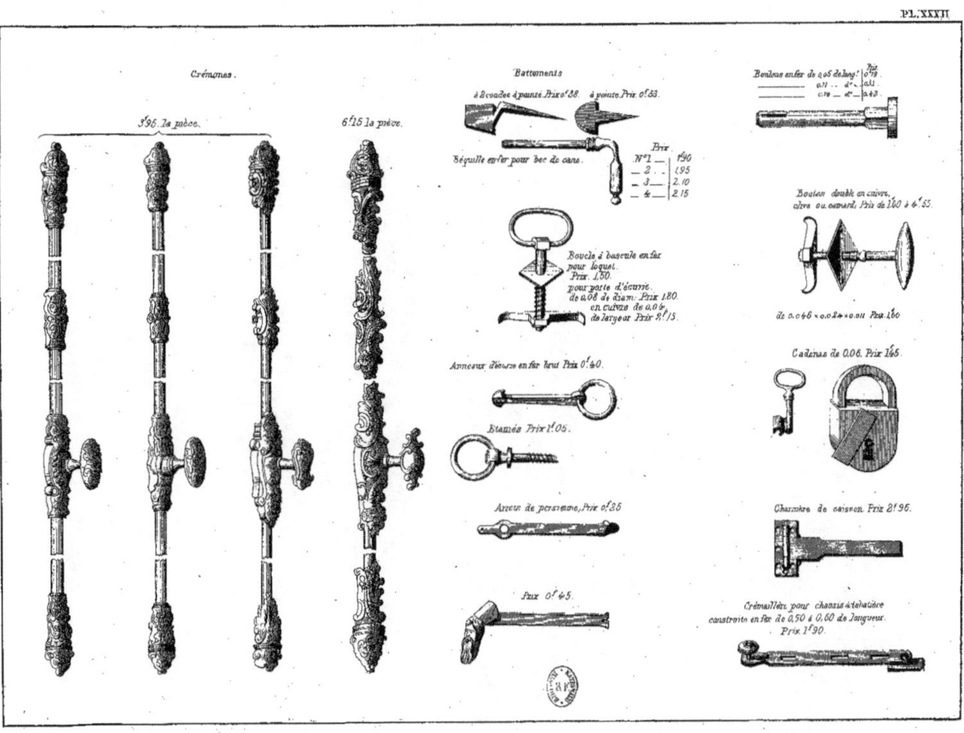

Crémones.
3f95. la pièce.
6f15 la pièce.
Battements
à 2 coudes à pointe. Prix 0f38.
à pointe. Prix. 0f53.
Béquille en fer pour bec de cane.
Prix
N°1 — 1f90
— 2 — 1.95
— 3 — 2.10
— 4 — 2.15
Boucle à bascule en fer
pour loquet.
Prix. 1.50.
pour porte d'écurie.
de 0.08 de diam. Prix 1.80.
en cuivre de 0.04.
de largeur. Prix 2f15.
Anneaux d'écurie en fer brut. Prix 0f40.
Étamés. Prix 1f05.
Arrêt de persienne. Prix 0f35.
Prix 0f45.
Boulons en fer de 0.05 de long! Prix 0f19
0.11 — d° — 0.31
0.19 — d° — 0.43
Bouton double en cuivre,
cuivre ou canard. Prix de 1.60 à 4f55.
de 0.046 × 0.024 × 0.011 Prix 1.60
Cadenas de 0.06. Prix 1f45.
Charnière de caisson. Prix 2f95.
Crémaillère pour châssis à tabatière
construite en fer de 0.50 à 0.60 de longueur.
Prix 1f90.

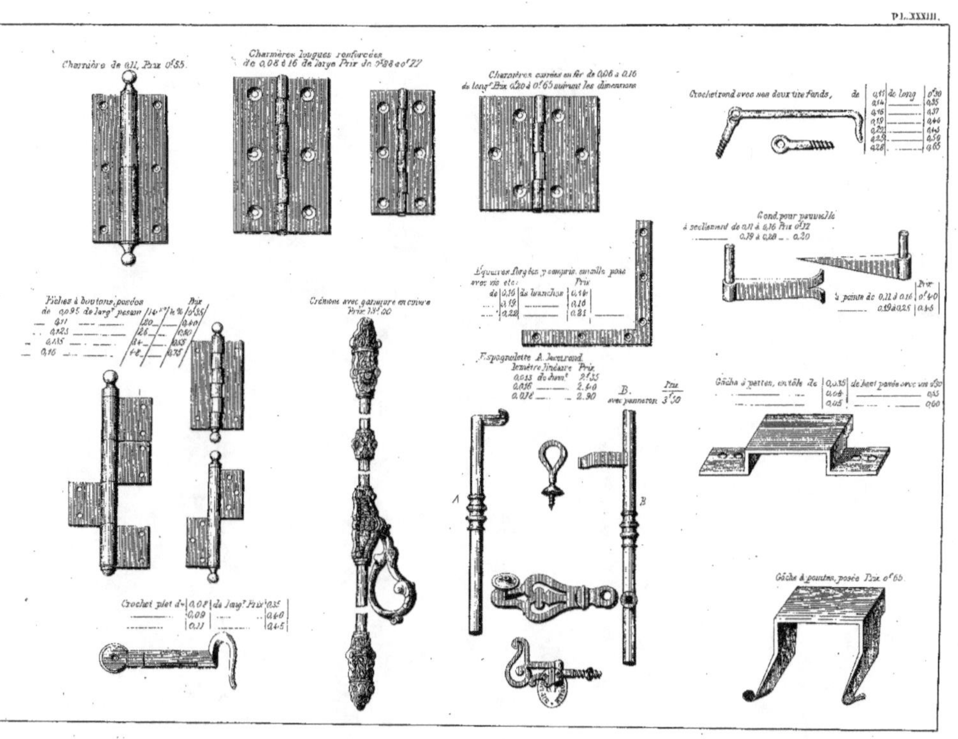

Charnière de 0,11, Prix 0,55.
Charnières longues renforcées de 0,08 à 16 de large Prix de 0,88 à 0,77
Charnières carrées en fer de 0,06 à 0,16 de long. Prix 0,40 à 0,65 suivant les dimensions
Crochet rond avec ses deux tire fonds,
Gond pour espagnolette
Fiches à boutons, posées
Crémone avec garniture en cuivre. Prix 18,00
Équerres forgées y compris émaille posée avec vis etc.
F. spagnolette À Jacquard
Gâche à pattes, en tôle
Crochet plat de
Gâche à pointes, posée. Prix 0,65

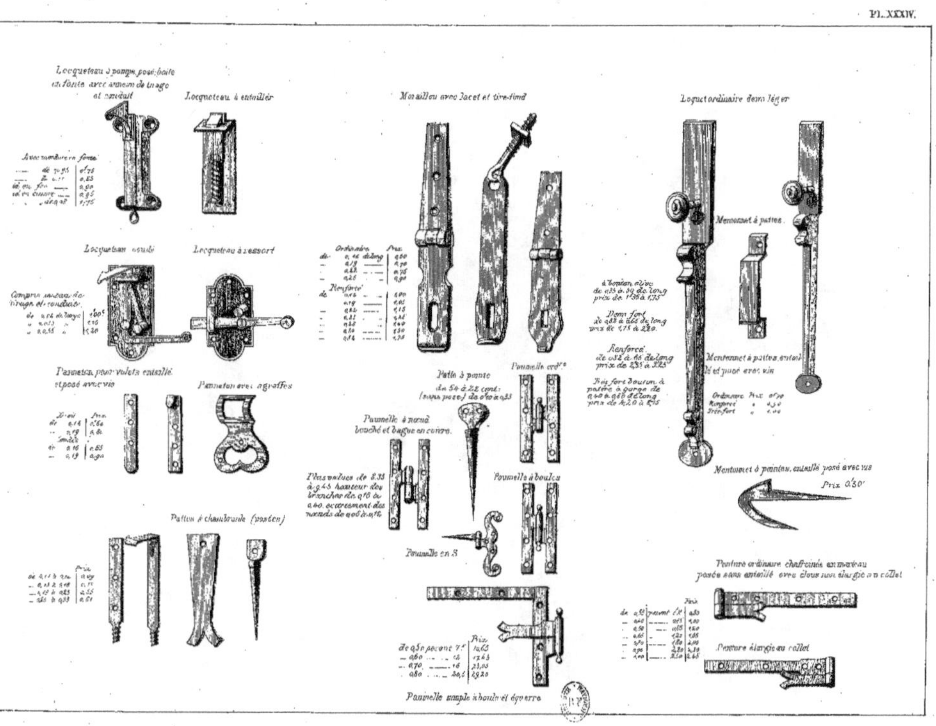

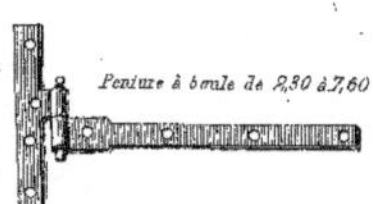

Penture à boule de 2,30 à 7,60

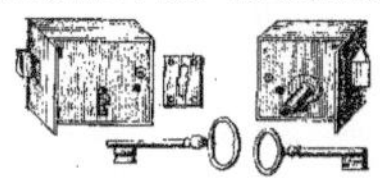

Serrure d'armoire. à canon.
Prix de 2f.70 à 4f.25 Prix de 2f.90 à 6f.85.

Pivots d'armoires.

Pivot à équerre ord^re
de 0,16 à 0,50
Prix de 1f.25 à 4f.10

Becs de canne de 0,08 à 0,095 Prix 2f.40 à 4f.10

Poignées à pattes.

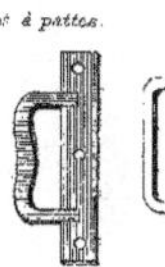

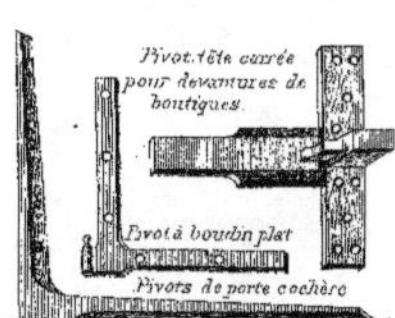

Pivot tête carrée
pour devantures de
boutiques.

Pivot à boudin plat

Pivots de porte cochère

Poignées d'espagnolette.

Poignées à pointes, à écrous, à lacet.

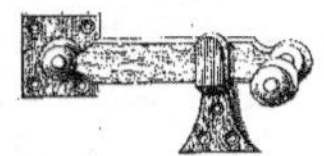

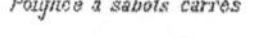

Poignées de fléaux pour volets.

posée avec vis
de 0,08 Prix 0f.27
— 0,095 — 0,33
— 0,11 — 0,38
— 0,14 — 1,25
— 0,16 — 1,35

Poignée à sabots carrés

Poignée sur platine à olives

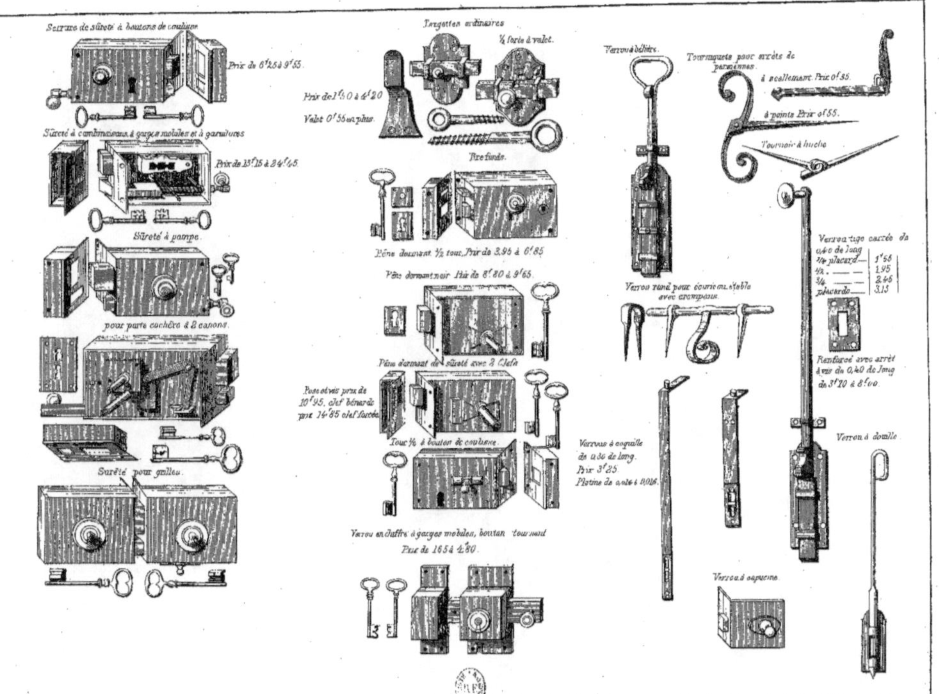

Serrure de sûreté à boutons de coulisse.
Prix de 6f25 à 9f55.
Sûreté à combinaisons à gorges mobiles et à garnitures.
Prix 13f15 à 24f45.
Sûreté à pompe.
pour porte cochère à 2 canons.
Sûreté pour grilles.
Targettes ordinaires.
¼ forte à valet.
Prix de 1f40 à 4f20
Valet 0f55 en plus.
Tire-fonds.
Pêne dormant ½ tour. Prix de 3f95 à 6f85.
Pêne dormant noir. Prix de 6f80 à 9f65.
Pêne d'armant de sûreté avec 2 clefs.
Pose et vis. prix de 10f95. clef bénarde prix 14f85 clef fourchue.
Tour ½ à boutons de coulisse.
Verrous en chiffre à gorges mobiles, bouton tournant. Prix de 16f54 à 80.
Verrou à delâtre.
Tourniquets pour arrêts de persiennes.
à scellement. Prix 0f35.
à points. Prix 0f55.
Tournoir à huche.
Verrou rond pour écurie ou étable avec crampons.
Verrous à coquille de 0.36 de long. Prix 3f25. Platine de 0.24 à 0.06.
Verrou à capucine.
Verrou tige carrée de 0.40 de long.
2/4 placard — 1f55
4/4 — 1f95
3/4 — 2f46
placard — 3f15
Renforcé avec arrêt à vis de 0.40 de long de 3f20 à 8f00.
Verrou à douille.

RÉUNION DE DEUX FERMES ET D'UNE DISTILLERIE

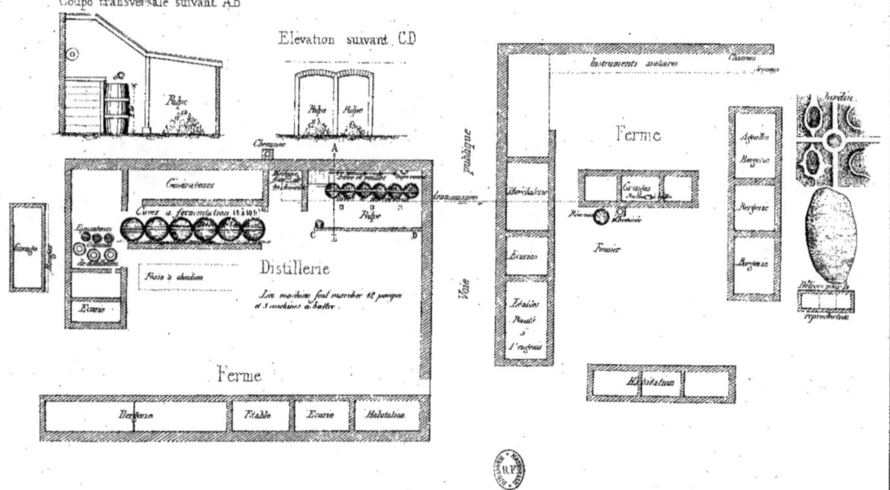

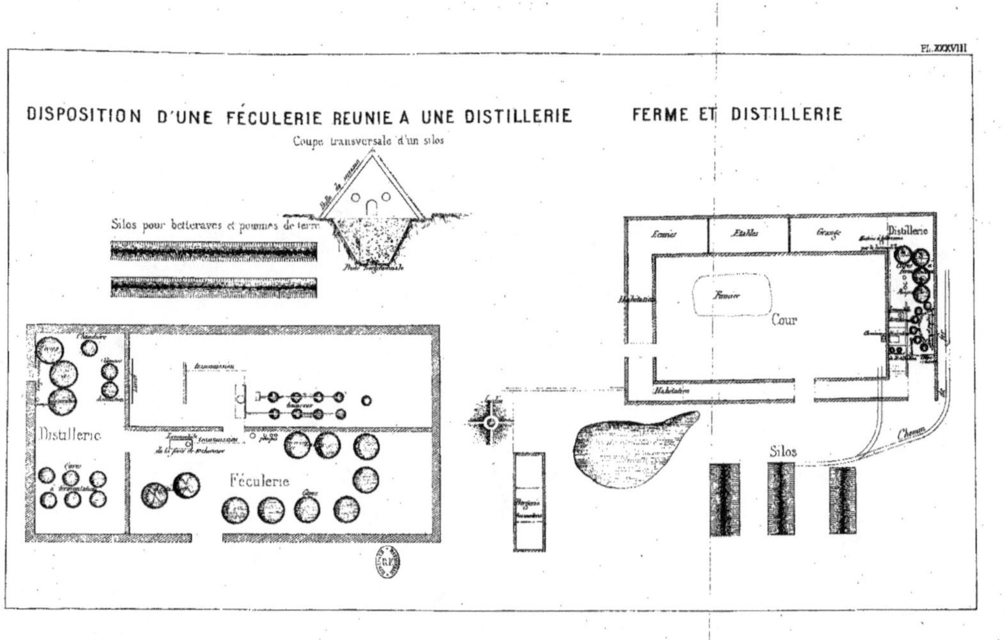

PL. XXXVIII
DISPOSITION D'UNE FÉCULERIE REUNIE A UNE DISTILLERIE
FERME ET DISTILLERIE
Coupe transversale d'un silos
Silos pour betteraves et pommes de terre
Distillerie
Féculerie
Écuries
Étables
Grange
Distillerie
Habitation
Fumier
Cour
Habitation
Silos
Chemin

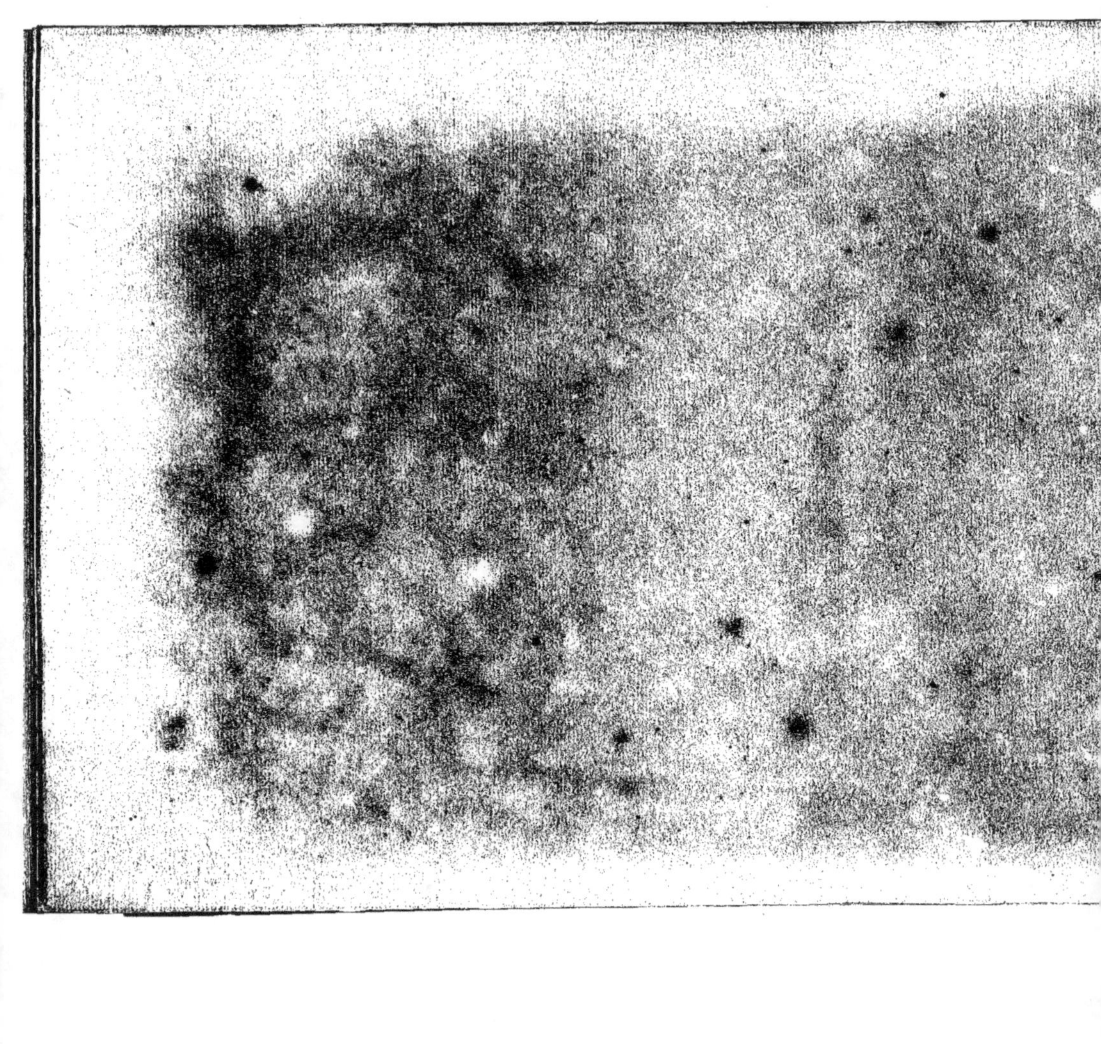